STATUTS

DE LA

SOCIÉTÉ RÉPUBLICAINE

DU

CANTON DE THONES

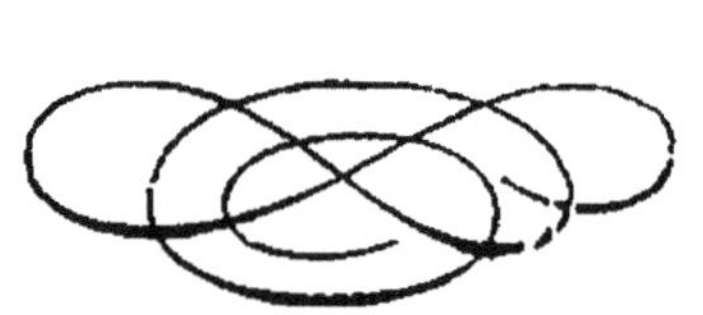

ANNECY

IMPRIMERIE DE JOSEPH DÉPOLLIER ET Cie

—

1885.

RÉPUBLIQUE FRANÇAISE

Le Préfet de la Haute-Savoie, chevalier de la Légion d'honneur,

Vu la demande présentée par M. Emile Vulliet, adjoint au Maire de la commune de Saint-Jean-de-Sixt et Président de la Société républicaine du canton de Thônes en voie d'organisation, à l'effet d'obtenir l'autorisation légale pour cette Société ;

Vu la liste des Membres fondateurs ;

Vu les Statuts de la dite Société ;

Considérant que les Statuts qui ont été rédigés pour l'administration de la Société ne donnent lieu à aucune observation ;

Arrête :

Art. 1er. — L'association en voie d'organisation dans le canton de Thônes, sous la dénomination de : « Société républicaine du canton de thônes, est autorisée aux conditions suivantes :

1° Une liste de tous les Membres de la Société sera fournie, tous les ans, au mois de janvier, à la Préfecture ;

2° Le Préfet sera informé, au moins

trois jours à l'avance, des Assemblées générales du Cercle ;

3° Les discussions religieuses sont interdites dans les Assemblées ;

4ᵉ Les mineurs de 21 ans ne seront admis qu'avec le consentement de leurs parents ou tuteurs ;

5° Toutes modifications aux Statuts ne seront valables qu'après autorisation préfectorale.

ART. 2. — La présente autorisation est toujours révocable en cas d'abus.

ART. 3. — M. le Secrétaire général de la Préfecture est chargé d'assurer l'exécution du présent arrêté.

Annecy, le 22 mai 1885.

Pour le Préfet en tournée de révision :
Le Secrétaire général,
E. ROMET.

Pour ampliation :
Le Secrétaire général,
E. ROMET.

STATUTS

DE LA

SOCIÉTÉ RÉPUBLICAINE

DU CANTON DE THONES

ARTICLE PREMIER.

Depuis le 5 mars 1882, il est formé dans le canton de Thônes au lieu de : à Grand-Bornand, une Société sous le titre de *Société républicaine du canton de Thônes.*

ART. 2.

Cette Société a pour but de travailler par tous les moyens légaux au succès de la cause républicaine.

ART. 3.

La Société est dirigée par un Comité composé de : un Président, un Vice-Président dans chaque commune comptant au moins dix Sociétaires, un Secrétaire, un

Secrétaire-adjoint, un Trésorier et cinq Conseillers.

Art. 4.

Les Membres du Comité sont élus pour trois ans, et sont rééligibles, le Président et le Trésorier seront nommés individuellement, les Vice-Présidents, les Secrétaires et les Conseillers seront nommés au scrutin de liste, les uns et les autres seront élus en Assemblée générale au scrutin secret, à la majorité absolue des membres présents, au premier tour, à la majorité relative au deuxième tour. Au cas d'égalité des suffrages l'élection serait acquise au plus âgé des candidats.

Art. 5.

Le Président est chargé de faire convoquer en temps utile, de faire observer le règlement, de présider à toutes les réunions et de représenter la Société dans toutes les circonstances officielles ; il a la direction des séances et voix prépondérante en cas d'égalité des suffrages, excepté pour nominations ou élections proprement dites; il a le droit, en toutes circonstances, de déléguer un Vice-Président ou, à défaut, un Membre du Comité, pour le remplacer au besoin dans ses diverses fonctions.

Art. 6.

Les Vice-Présidents sont chargés de s'avertir réciproquement des cas imprévus qui pourraient survenir dans leur circonscription respective et d'en informer le Président Ils sont autorisés à percevoir les cotisations des Sociétaires des communes de leur ressort, qu'ils verseront entre les mains du Trésorier. Ils sont chargés, en outre, de faire distribuer les lettres ou convocations envoyées de la part du Président.

Art. 7.

Le Secrétaire est chargé de la correspondance, il conserve et tient tous les registres nécessaires aux délibérations et forme chaque année le tableau de tous les Sociétaires. Il peut se faire assister dans ses travaux par le Secrétaire-adjoint et même lui en assigner une partie.

Art. 8.

Le Trésorier est chargé de recueillir les cotisations et tout ce qui pourrait revenir à la Caisse de la Société ; il acquitte les mandats délivrés par le Président et peut en délivrer lui-même, mais seulement pour frais de correspondance ou de bureau. Les fonds annuels de la Société seront déposés par ses soins à la Caisse d'épargne postale, en réservant toutefois en caisse une somme suffisante pour couvrir les frais de bureau et frais imprévus. Il tient une comptabilité détaillée et en rend compte chaque année à l'Assemblée générale ordinaire.

ART. 9.

Les fonctions de membres de bureau sont gratuites ; les Trésoriers et les Secrétaires sont seuls dispensés de verser leur cotisation.

ART. 10.

La Société se réunira en Assemblée générale ordinaire chaque année le premier dimanche de septembre, dans l'une des communes du canton désignée à cet effet, par le Comité.

ART. 11.

Le Comité, sur l'ordre du Président ou de deux Vice-Présidents, s'assemblera au Siège de la Société toutes les fois qu'il y aura urgence. La Société se réunira extraordinairement toutes les fois que le Comité le jugera nécessaire.

ART. 12.

Les décisions de l'Assemblée générale et du Comité seront prises à la majorité des Membres présents.

ART. 13.

L'Assemblée générale ordinaire du premier dimanche de septembre sera suivie ou précédée d'un banquet chaque année. Le Sociétaire qui ne pourra y prendre part sera tenu d'en avertir le restaurateur, au plus tard le jeudi qui précédera le dimanche du banquet ; passé ce délai, il sera considéré comme assistant et payera comme tel. La moitié de sa cote reviendra au restaurateur et l'autre moitié à la Caisse de la Société.

ART. 14.

Le nombre des Membres de la Société est illimité. A dater de la constitution de la Société, les nouveaux adhérents seront reçus par voix de vote des Membres du Comité et sur la proposition de deux Sociétaires. Ils devront être majeurs et jouir de leurs droits civils et politiques.

ART. 15.

Tous les adhérents proposés chaque

année, et qui seront agréés, recevront leur nomination huit jours au plus tard avant la réunion générale ordinaire.

Art. 16.

Tout Sociétaire qui se rendrait coupable d'une peine infamante, se trouverait par le fait même exclu de la Société. Il en sera ainsi pour celui qui, transgressant le but de la Société, travaillerait contre la cause républicaine.

Art. 17.

Les Sociétaires s'engagent à verser régulièrement une cotisation annuelle de deux francs, entre les mains du Trésorier ou de leur Vice-Président ; cette somme servira à couvrir les frais de propagande, d'élections, de correspondances, de bureau et de démarches que pourraient faire dans l'intérêt de la Société un ou plusieurs membres envoyés par ordre du Comité.

Art. 18.

Tout membre en retard de deux années de paiement sera déféré au Comité qui jugera s'il y a lieu d'ordonner sa radiation du tableau.

ART. 19.

En cas de dissolution de la Société, les fonds restant en Caisse seront affectés à telle œuvre d'intérêt public ou de bienfaisance que désignera l'Assemblée générale.

ART. 20.

Toute modification aux présents Statuts ne pourra avoir lieu qu'en Assemblée générale.

Ainsi arrêté dans l'Assemblée générale du 12 avril 1885.

Pour copie conforme :

Le Secrétaire,   *Le Président,*

MILHOMME Jean.   Emile **VULLIET**.

Vu pour être annexé à notre arrêté de ce jour.

Annecy, le 22 mai 1885.

Pour le Préfet de la Haute-Savoie :

Le Secrétaire général,

E. ROMET.